Gabriela Brioschi

GABY-GABY E O AMIGO LAMA

MEDITAÇÃO PARA CRIANÇAS

FUNDAÇÃO LAMA GANGCHEN PARA A CULTURA DE PAZ

FICHA TÉCNICA

Realização:

Kore produções culturais

Texto e ilustrações: **Gabriela Brioschi**

Revisão: **Flávia Cristina Araujo**

Projeto Gráfico e Diagramação: **Julio Portellada**

E-Pub: **Tiago Cardoso**

Distribuição: **Prata Editora**

ISBN: 978-65-990915-2-0

Este livro foi impresso com o apoio de:

FUNDAÇÃO LAMA GANGCHEN PARA A CULTURA DE PAZ

Christiane Nicodemo • Romeo Bonadio • Wagner Furtado

Nayra Palhano De Jesus • Sandro Marques Scodro

clyma · indaco · MAGNETIC PET · SUNO United Creators

PoliSaber Fundação · SER ESPECIAL Dedicação e Profissionalismo · Colégio paulicéia · INSTITUTO TROVADORES URBANOS

Este livro é de: ______________________________

Ganhei no dia: ___/___/___

Já sou um astronauta do espaço interior.

O selo Gaby-Gaby Imagine traz livros, músicas e cursos para crianças, pais e educadores.

Brincar e aprender com alegria e imaginação!

Adoro histórias e figuras.
Tenho uma caixa cheia delas.
História sem figuras não tem graça!
Por isso que a gente imagina, desenha e conta.
Ah! Gosto muito de bichos. E de plantas também. E você?
Também gosto dos meus amigos, eles são bem legais.
O que eu não sei eu pergunto para eles,
Ou então imagino.

Você já pensou que tudo que foi feito, antes de existir apareceu na imaginação de alguém?

Esse livro conta a história de perguntas e de um amigo muuuito querido!

Acho que você vai gostar.

Esse livro é dedicado a Lama Gangchen Rinpoche por seus ensinamentos e sua grande e persistente presença.

Esse livro é dedicado ao Lama Michel por sua clareza amorosa e continuidade.

Este livro é dedicado a todos os amigos da sangha, pelo apoio, companhia e por ações que ajudam os ensinamentos a alcançar muitas pessoas pelo mundo.

80 ANOS de Cultura de Paz
LAMA GANGCHEN RINPOCHE

Agradecimentos da Fundação

Um legado que ultrapassa fronteiras, culturas e crenças, que se espalha em todas as direções, que tocou e continua a impactar, que vem de muito tempo e continuará adiante – são os 80 anos do nascimento do nosso amado Lama Gangchen Rinpoche, falecido em 2020.

Ele nos conduziu pelo caminho da Cultura de Paz, com todos os seus matizes e sons, em cada gesto, cada palavra, cada olhar, com o pensar ou simplesmente estar presente. Como ele mesmo dizia: "Tudo no Universo é som e luz".

Foi reconhecido como um Mestre Mensageiro da Paz em todos os lugares por onde passou. Sua generosidade e amor incondicionais tocaram o coração de cada pessoa que dele se aproximou.

Continuamos humildemente a tarefa que ele nos deixou, de contribuir com a cultura de paz para um mundo melhor. A presente edição de Gaby-Gaby e o Amigo Lama – Meditação para Crianças é uma pequena oferta para crianças e adultos, para se conectarem com o espaço infinito de amor do coração de Lama Gangchen e, assim, descobrirem esse mesmo espaço em seus corações.

Agradecemos a cada um e a cada uma que participou e contribuiu com a Fundação Lama Gangchen para a Cultura de Paz desde a sua criação, em 2006.

Pelo poder da verdade,

Com as bênçãos de todos os Seres Sagrados,

Com a atenção de todos os seres humanos,

Possa a cultura de violência ser transformada na cultura de não violência, na cultura de paz!

Olhar com paz,

Tocar com paz,

Escutar com paz,

Falar com paz,

Pensamentos e sentimentos de paz.

Paz com tudo!

Tudo com paz!

— Era uma vez um Lama Tibetano.

Assim comecei minha história enquanto olhava as sete cores do arco-íris. A luz do sol passava pelo cristal e deixava a parede colorida.

Era uma Tarde Mágica: eu e meus amigos tínhamos combinado de compartilhar um livro com uma história, e tinha que ser das boas. Era a minha vez e escolhi uma história com um pouco de magia.

— Vi ele a primeira vez nessa sala — falei pisando o tapete cor de vinho.

— O que é um Lama Tibetano? — perguntou Leco.

— Um Lama Tibetano vem do Tibete...

— Tibete? Onde fica isso? — Ana interrompeu.

— Fica perto da montanha mais alta do mundo, o monte Everest.

— Hum, deve ser frio lá — comentou Leco.

— Sim, pelas fotos que vi lá é cheio de neve — completei e então continuei: — O Lama andava com uma roupa cor de vinho que parecia uma saia com um xale e por baixo um tipo de camisa sem mangas amarela brilhante. Eu ouvi ele falando tibetano, uma língua muito difícil para nós. Mas ele falava outras línguas com seus amigos... Ele sempre estava com um japamala na mão.

— Mala? — perguntou Leco.

— *Japamala* — corrigi. — É uma espécie de colar de bolinhas em que ele contava os mantras que recitava — respondi.

— Mantras? — perguntou Ana.

— Sim, mantras são como como palavras, rezas, canções... Ele gostava de fazer a gente cantar.

— Minha mãe canta mantras e diz que eles trazem boa energia — disse Shin. — Minha avó só sabe falar coreano.

— Puxa! Deve ser tão difícil como tibetano — comentou Ana.

— É mesmo — continuei. — Sabe, o Lama sabia muitas coisas, e alguns segredos... E ele me contou alguns.

— Segredos? — perguntou Ana. — Conte!

— Adoro segredos — disse Leco deitando no chão.

Eu e meus amigos nos debruçamos sobre um livro com fotografias coloridas: montanhas com neve, Yaques e crianças de bochechas rosadas. Eram fotos do Tibete. Elas inundaram nossa imaginação. Um vento entrou pela janela.

— Lama Gangchen era redondo como a Lua Cheia, falava de paz, e que a gente devia fazer tudo com paz — continuei.

— Pazzzzzzzzzz — repetiu Leco, zunindo como abelha.

— Sim, ele falava que a paz interna é a coisa mais importante que podemos conquistar.

— Mais importante que escalar o monte Everest? — perguntou Shin.

— Muito mais — respondi.

— Hum, se existe essa tal paz interna então existe também a guerra interna? — retrucou Leco dando risada.

— Boa pergunta, Leco — disse Ana.

— E essa guerra interna fica para cima ou para baixo do umbigo? — ele insistiu e todos caíram na risada.

— A guerra interna são as nossas emoções negativas — interrompeu Shin pensativo. — Quem nunca sentiu raiva?

— É, raiva, inveja... Eu já — confessou Ana um pouco tímida.

— E medo — completou Shin. — Eu tenho medo de aranha, de besouro.

— Ah, eu não sinto nada disso — disse Leco se gabando.

— Como não? E aquele dia que você queria jogar minha boneca na pia, só porque era nova e você não tinha ganhado o carrinho bacana que tinha pedido no Natal! — exclamou Ana enérgica. — Isso não é inveja?

Leco ficou vermelho e bufou.

— Tudo bem, Leco. Todo mundo sente emoções negativas — completou Shin, que era um verdadeiro amigo do Leco.

— É, todo mundo sente — eu disse lembrando do que havia aprendido. — E o Lama ensinou que a gente não precisa seguir as nossas emoções negativas.

— Um dia, quando recebi a avaliação e tinha um zero... Chutei a porta com raiva da professora, mas depois... xiiiiii! Depois levei uma bronca! Pelas duas coisas: a nota e a porta marcada com a sola do meu tênis. — Leco estava pensativo.

— É, depois você teve que limpar — completou Shin. — Eu lembro. É sempre assim, a gente tem que consertar o que fez de errado.

— Pois é, isso mesmo, quando sentimos emoções negativas a gente faz muita coisa que depois se arrepende.

— É verdade, às vezes a gente pode se confundir. — Ana parou, pensando: — Hum... seu cachorro pega a sua boneca e destrói ela!

— Você só pensa em boneca? — provocou Leco.

— Engraçadinho... Imagine só, ele morder seu brinquedo preferido... Você não ficaria com muita raiva? Tanta, tanta raiva que gostaria de mandar ele para fora da sua casa?

— Então? E daí? — perguntou Leco.

— Então se você mandar o seu cachorro embora na hora da raiva, vai se arrepender depois, não vai?

— Claro! — concordou Shin.

— Nesse minutinho da raiva a gente faz besteira, como você, quando chutou a porta — completou Ana. E você pode pensar que é raivoso, mas a raiva passa, você não é a sua raiva — concluiu.

— Esse é um segredo que o Lama me contou.

— Isso não é bem um segredo — disse Shin.

— É, mas quando a gente sente, muitas vezes não percebe que o que a gente sente vai passar — completou a Ana.

— O segredo é que as emoções negativas se transformam — falei. — E quando a gente sente medo, pode transformar o medo em... coragem.

— Mas será que se eu não for um pouco orgulhosa não vão achar que sou meio boba? — perguntou Ana.

— Claro que não! — respondeu Shin.

— Será que sem a minha raiva eu não vou me sentir um fracote? Vou saber me defender? — questionou Leco.

— Hum, os guerreiros pacíficos são meus personagens preferidos, eles não lutam com raiva e conseguem se defender — disse Shin.

— Acho que a gente sabe que uma emoção é negativa quando a gente não se sente bem com ela — disse Ana pensativa.

— E se eu não tiver ciúmes, será que mesmo assim minha namorada vai achar que eu gosto dela? — perguntou Leco.

— Namooradaaaa! — dissemos junto rindo.

— É, e como transformamos uma emoção negativa? — perguntou Leco mudando de assunto.

— As emoções negativas podem virar positivas? — perguntou Ana.

— Impossível! — exclamou Leco, que sempre tinha que ser do contra.

Meus amigos são mesmo inteligentes. Não é fácil a gente perceber o que está sentindo, na maioria do tempo a gente fica ocupado ou distraído, em casa, conversando, dormindo, comendo, ou na escola, prestando atenção na aula... quer dizer, a gente não presta muita atenção às nossas emoções. Muitas crianças nem sequer aprendem isso, às vezes nossos pais estão muito ocupados para falar de emoções, não é?

— É pela magia — eu arrisquei.

— Que mágica?

— A mágica dos astronautas do espaço interno.

— Astronauta! Sim! — disse Leco pulando nas almofadas.

— Espaço interno? — perguntou Shin dançando pela sala com os braços abertos.

— É, dentro da gente tem muito espaço.

— No estômago? — brincou Leco. — Eu já estou com vontade de comer biscoitos.

— Vocês querem tentar? — perguntei.

Meus amigos fizeram que sim.

— Vamos nos sentar aqui e fechar os olhos...

— Mas fica tudo escuro! — disse Ana.

— Sim! É nesse escuro que a gente vai entrar...

— Não tô vendo nada — disse Shin.

— Fica aí um pouco, de olhos fechados, olhando para esse escuro e prestando atenção na respiração.

Assim a gente fez. Ficamos procurando essa tal de mente. No começo deu uma coceira no meu pé, depois eu pensei em sorvete, depois tinha vontade de ir embora, mas quando vi que o arzinho que entrava e saía de mim era fresquinho, aí então eu comecei a me sentir diferente.

— Prestar atenção na respiração é um belo truque para ver os pensamentos passando um atrás do outro. O Lama falava coisas assim.

— Como carros numa rua movimentada — disse Shin.

— Aí percebemos a nossa mente, nosso espaço interno. O Lama dizia que todos podem ser astronautas do espaço interno.

— A gente começa a viajar no espaço interno e... — completou Ana.

— Temos um espaço do tamanho até a lua, das estrelas e do Sol.

— Assim tão grande? — Shin perguntou.

— Isso é gostoso — disse Ana de olhos fechados, rindo feliz.

É, foi mesmo de repente: Puf! A gente conseguiu entrar no espaço interior.

ES-PA-ÇO...

– Podemos ser astronautas do espaço interior e do bem – disse Ana.

Meus amigos eram agora os astronautas do espaço interior. Levantaram felizes das almofadas e andavam pela sala; tinham começado a deixar de lado a guerra interna e entender o melhor: a paz interna.

O Lama na fotografia com seu sorriso enorme mostrava um coco em cima da sua cabeça. Todos nós começamos a rir.

– O Lama era o herói que fazia sem fazer! – disse Leco olhando para outra fotografia dele, dando comida para um veadinho.

— É, eu me sinto agora mais corajosa — completou Ana.

— Uau! Essas então são as emoções positivas? — perguntou Shin. — Eu gostei de flutuar pelo meu espaço interior.

— Sim, assim... temos mais energia, até para fazer... lição — disse Leco confiante.

— E os nossos inimigos desaparecem no espaço interior — Shin fez uma posição de luta. É como ter um super-raio ... Um super--raio mágico...

— Da paz! — completei.

Assim, no meio daquelas almofadas, pinturas, fotografias, eu e meus amigos encontramos o amigo Lama.

— E ele virou um arco-íris... — disse Ana bem baixinho.

Mas... espere aí!

Você acha que acabou?

Não acabou não, tenho ainda um segredo para contar a você.

Certo dia, perguntei para o Lama Gangchen: "Como as crianças podem ajudar a criar a paz no mundo?"

— Comer bem. — Foi o que ele respondeu.

Essa é fácil, pois todo mundo gosta de comer.

Mas você já parou para pensar o que é "comer bem"?

Comidas frescas como frutas, verduras, arroz e feijão. Comida feita na sua casa.

Aquela que você come com a sua família, todo mundo junto, com alegria no coração.

Afinal, você já pensou em quantas pessoas plantaram, colheram, transportaram, venderam e prepararam sua comida?

A segunda coisa que Lama Gangchen disse que as crianças devem fazer para ajudar a paz no mundo é respirar!

— Respirar bem. — Ele insistiu.

E respirar bem é respirar profundamente.

Você sabia que se a gente parar de respirar a gente morre?

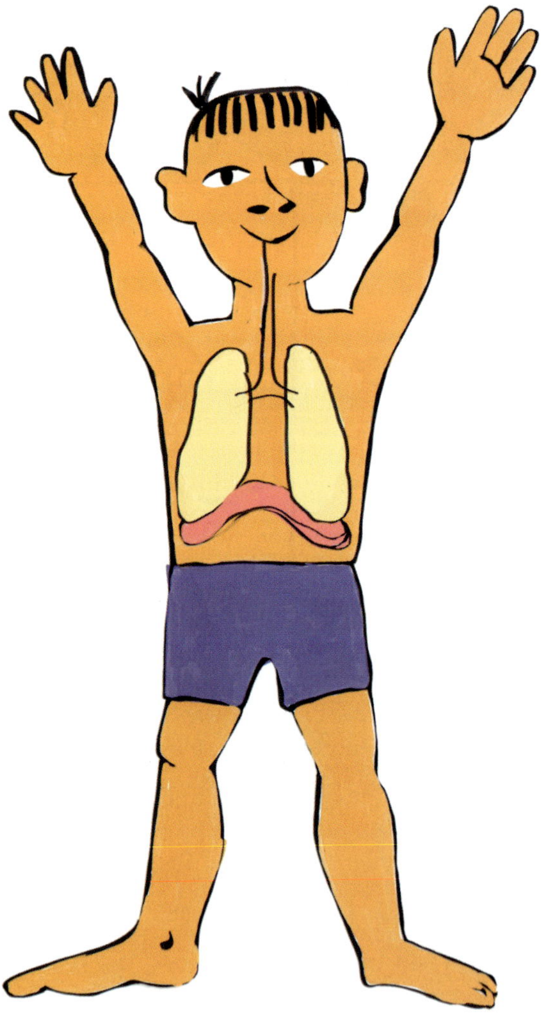

Mas não tente experimentar!

É sério, a gente inspira o ar. Ele entra nos nossos pulmões, depois o oxigênio vai para as células e transforma nossa comida em energia, e então a gente expira a parte do ar que não usamos, o gás carbônico.

Para você treinar, aqui tem o exercício de respiração parecido com o que fizemos para nos tornarmos astronautas do espaço interior:

Coloque uma almofada ou um bichinho de pelúcia na sua barriga.

Deixe ele lá, quietinho. Agora você vai inspirar o ar, mandando ele para dentro de você.

Você puxa o ar pelo nariz e leva ele até a barriga.

Depois solta... Bem devagar.

Você percebe como o bichinho levanta e abaixa?

Isso é respirar profundamente.

Agora, o que você não sabia é que:

Respirar profundamente acalma a mente!

O Lama também disse que é importante dormir bem!
Dormir gostoso, num sono bem profundo.

Ah, celular e televisão não tem vez na cama não.
Desliga tudo, faz a respiração profunda, e vai sonhar!
Assim as crianças ajudam a paz no mundo.
Pois a paz dentro de cada um é que faz a paz no mundo.

O Lama Gangchen me disse tudo isso e depois olhou para mim e riu aquela gargalhada que ele tinha, bem alta e bem gostosa.

Será que brincar também é importante para a paz no mundo?

Respirar, comer e dormir bem são sementes de paz.

Somos pequenos ainda e a paz no mundo é uma coisa grande, bem grande.

O Lama Gangchen sempre dizia que começa dentro da gente, em cada um. E todo mundo pode ajudar.

Naquela Tarde Mágica, a Ana, o Shin, o Leco e eu tivemos a sorte de encontrar o Lama, mesmo ele já não estando mais vivo.

Quem quiser conhecer o Lama Gangchen, é fácil. Verdade verdadeira, e sabe onde? No seu coração.

Feche os olhos, respire fundo e sinta com calma como seu espaço é grande! É só fazer as pazes com esse amigo interno, esse aí dentro de você, então a gente pode ouvir o Lama que responde, com palavras, com sentimentos, com folhas que caem, tipo um amigo invisível, entende?

Lama Gangchen Rinpoche nasceu em 1941, em Drakshu, uma pequena aldeia no Tibete. Seu pai tinha um moinho e ele tinha muitos irmãos. Quando criança, era forte e muito levado.

Viveu e estudou em um mosteiro com outros meninos-monges, desde pequeno. Estudou medicina, astrologia, e filosofia em universidades monásticas no Tibete e na Índia.

Como médico, curou e salvou a vida de muitas pessoas na Índia, no Nepal, e em muitas outras partes do mundo.

Em 1982, foi para a Europa pela primeira vez, e depois disso veio ao Brasil em 1987, onde esteve mais de 30 vezes.

O Lama viveu muitos anos viajando, ensinando às pessoas a Cultura de Paz, sobre como nos tornarmos mais felizes, mais satisfeitos e em paz, e como fazer este nosso mundo um lugar mais pacífico e harmonioso.

Uma de suas mensagens principais é "Paz com Tudo – Tudo com Paz".

Ele faleceu no ano de 2020, em Verbania, na Itália.

O Lama deixou muitos amigos. Eles ensinam, fazem rituais, mostram muitas coisas que o Lama ensinou, coisas de cura e de paz.

Quem quiser conhecer o Lama Gangchen, ver as coisas engraçadas que ele fazia e ouvir a sua voz, pode perguntar aos amigos dele.

Conheça mais sobre o Lama Gangchen e seus amigos:

O Lama levava as pessoas em suas viagens. Seus amigos. Mostrava como as pessoas viviam em outros lugares do mundo, sempre levando uma mensagem de paz.

Foto: Jorge Gonçalves dos Santos

FUNDAÇÃO LAMA GANGCHEN PARA A CULTURA DE PAZ

"A paz interna é a base mais sólida para a paz mundial."
T.Y.S. Lama Gangchen

Essa é a frase norteadora das ações da Fundação Lama Gangchen para Cultura de Paz – FLGCP, uma instituição sem fins lucrativos, que desenvolve projetos – principalmente na área de educação – que visam à transformação da cultura de violência em uma cultura de paz.

Criada em 2007, após 20 anos de trabalho de T.Y.S. Lama Gangchen e seus colaboradores no Brasil, a FLGCP realiza programas de desenvolvimento socioemocional em parceria com organizações governamentais, privadas e do terceiro setor. Seus projetos incluem formação para educadores e práticas de meditação, atividades lúdicas e workshops para diferentes públicos.

Seu principal programa de educação não formal – Ser em Paz – habilita o indivíduo a tomar ações conscientes com relação a si mesmo e ao mundo que o rodeia, compreendendo-se como responsável direto pelo desenvolvimento da cultura de paz. Por meio de reflexões e atividades, aos poucos, o indivíduo torna-se sensível ao propósito da construção conjunta dos valores da não violência, tais como: maior cooperação social, respeito mútuo, amizade, empatia e equilíbrio.

Para saber mais sobre a Fundação Lama Gangchen para Cultura de Paz, acesse: https://napaz.ngalso.org/

Gabriela Brioschi é escritora e ilustradora, e criou o Selo Gaby-Gaby Imagine.

Estudou artes na ECA-USP, na ASL de Nova York, em ateliês e museus. Como artista, fez várias exposições e participou de programas de residência internacional.

Também é arteterapeuta formada pelo Sedes Sapientieae.

Foi professora de artes em escolas e em instituições culturais, como o Sesc e a Fundação Bienal.

Gosta de escrever sobre artes, meio ambiente, meditação e desenvolvimento humano. Seus livros já venderam mais de 1 milhão de cópias no Brasil.

A Gaby-Gaby surgiu em 2015, para falar de paz e bem-estar.

Encontrou o Lama em 1990, com sua roupa de monge amarelo ouro brilhante e sua saia vinho.

"Eu me lembro que ele explicou que não existem inimigos... só um amigo interno". E isso foi o que mais me marcou. Ele falou que tudo mudava, tudo mesmo; falou da impermanência, e que a gente podia ser feliz se a gente olhasse para tudo que tem e entendesse o que os outros passam, antes de reclamar".

https://gabrielabrioschi.com
@gabrielabrioschi.br
Gabriela Brioschi
gabriela brioschi

E aqui, para os pais e educadores:

O Selo Gaby-Gaby acredita ser possível educar as crianças com imaginação, com o conhecimento das emoções, de sustentabilidade ambiental, ética, conhecimentos para se viver em paz.

Livros, vídeos, músicas, brincadeiras e cursos sobre educação socioemocional, amizade, e dicas de bem-estar.

Brincar é a melhor forma de aprender!

Curso Brincadeiras Sustentáveis em Casa e na Escola
https://gabrielabrioschi.com/brincadeiras-sustentaveis/

@gabygabyimaginebr
Gaby-Gaby Imagine
Gaby-Gaby Imagine
GabyGaby - Tema
@gabygabyimagine
https://ampl.ink/emvD9
@GabyGabyimagine

Chegou!

MEDITAÇÃO NA ESCOLA

Brincadeiras Sustentáveis!

GaBY · GaBY IMAGINE